Christa Spangenberg · Irmgard Lucht
Die Grüne Uhr

W0406871

OMNIBUS

Band 21399

OMNIBUS

Der Taschenbuchverlag für Kinder
Verlagsgruppe Random House
München Berlin Frankfurt Wien Zürich

ausgezeichnet mit dem Buchpreis der Deutschen Gartenbau Gesellschaft

Umwelthinweis:
Alle bedruckten Materialien dieses Taschenbuches sind chlorfrei und umweltschonend

1. Auflage
Erstmals als OMNIBUS Taschenbuch Mai 2004
Gesetzt nach den Regeln der Rechtschreibreform.
© 1974 Verlag Heinrich Ellermann, Hamburg
Alle Rechte dieser Ausgabe vorbehalten
durch OMNIBUS Taschenbuch/
C. Bertelsmann Jugendbuch Verlag, München
in der Verlagsgruppe Random House GmbH
Umschlagbild: Irmgard Lucht
Ku · Herstellung: Peter Papenbrok
Satz: Uhl + Massopust, Aalen
Reproduktion: Uhl + Massopust, Aalen
Druck: Litotipografia Alcione srl, Trento
ISBN 3-570-21399-4
Printed in Italy

www.omnibus-verlag.de

Die Grüne Uhr

Das Jahr der Blumen, Sträucher und Bäume

Eine kleine Naturkunde von Christa Spangenberg
Gezeichnet und gemalt von Irmgard Lucht

OMNIBUS

Das Jahr hat 365 Tage. Wer das nicht behalten kann, merkt sich, dass das Jahr 52 Wochen hat. Noch einfacher zu merken sind die zwölf Monate, aus denen das Jahr besteht. Und noch viel leichter lassen sich die vier Jahreszeiten merken, nämlich Frühling, Sommer, Herbst und Winter.
Der Jahresablauf hängt mit dem Umlauf der Erde um die Sonne zusammen. Von den Strahlen der Sonne kommt auch alle Wärme her, die auf der Erde ist. Je mehr sich unser Erdteil der Sonne zudreht, desto wärmer wird es bei uns. Je mehr er sich von der Sonne wegdreht, desto kälter wird es. Einmal dreht sich die eine, dann die andere Erdhälfte der Sonne zu. So werden die vier Jahreszeiten von der Sonne bestimmt. Vom Frühling bis zum Sommer werden die Tage immer wärmer und länger. Man sagt, jetzt steht die Sonne hoch am Himmel. Vom Herbst bis zum Winter werden die Tage immer kälter und kürzer. Man sagt, jetzt steht die Sonne tief am Himmel.
Pflanzen und Tiere sind wie die Menschen gegen Wärme und Kälte empfindlich. Sie und die ganze Natur sind abhängig von den Jahreszeiten und richten sich nach ihnen wie nach einer Uhr. So entstand der Name für dieses Buch, das den Jahreslauf der Natur zeigt: DIE GRÜNE UHR. Die zwölf Zahlen auf ihrem Zifferblatt bedeuten die Monate eines Jahres, 1 steht für Januar, 2 für Februar und so fort.

Im **Januar** und auch noch im **Februar** sind die Tage kalt und kurz. In vielen Gegenden liegt Schnee. Seen, Bäche, manchmal sogar Flüsse, frieren zu. Die Kinder freuen sich beim Schlittschuhlaufen, Skifahren und Rodeln. Zu dieser Zeit halten viele Pflanzen ihren Winterschlaf.

BÄCKEREI

① Feigenkaktus

② Hyazinthe

③ Geranie

④ Philodendron

⑤ Alpenveilchen

⑥ Begonie

①

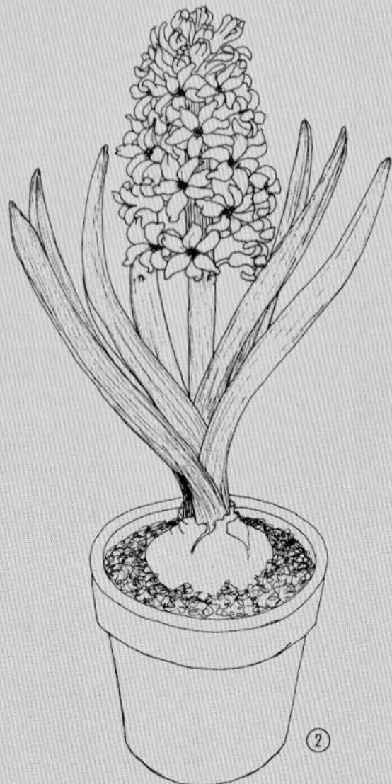

②

③

④

⑤

⑥

Es gibt aber auch Pflanzen, die blühen im Winter. Sie wachsen allerdings nicht im Freien, sondern im warmen Zimmer. Sie heißen darum Zimmerpflanzen. Viele dieser Gewächse stammen aus ganz heißen Gegenden, zum Beispiel aus Afrika. Im Haus brauchen sie deshalb immer einen warmen und hellen Platz. Es gibt auch Pflanzen, die während des Sommers auf dem Balkon oder im Garten wachsen und blühen, dann aber zum Überwintern wie Zimmerpflanzen in die Wohnung gestellt werden müssen.
Jede Pflanze hat Wurzeln. Die Wurzeln sorgen für die Ernährung der Pflanze und stehen deshalb meist in Erde, aus der sie Nahrung ziehen. Blätter und Blüten treiben aus den Wurzeln. Während die Blätter bei den meisten Zimmerpflanzen das ganze Jahr über zu sehen sind, gibt es Blüten nur zu bestimmten Zeiten des Jahres.
Alle Pflanzen brauchen Wasser, um zu wachsen. Die wenigsten aber kommen nur mit Wasser allein aus. Zur Ernährung benötigen sie gedüngte Erde. Auch müssen sie den richtigen Standort haben: Sonne, Halbschatten oder Schatten.

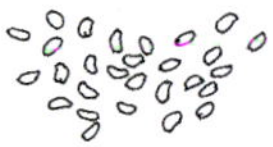

Gartenkresse

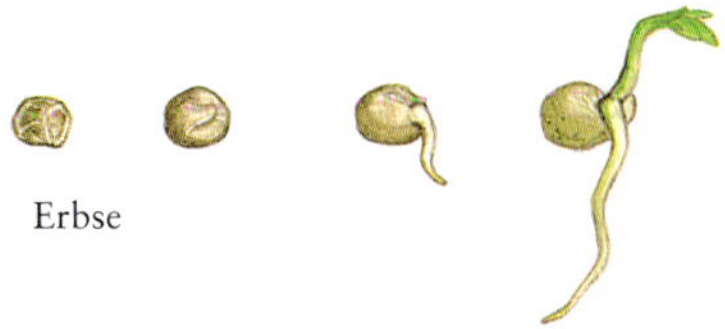

Erbse

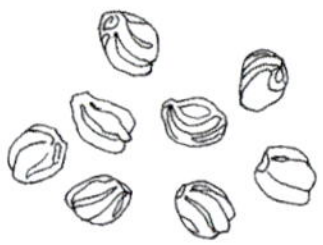

Kapuzinerkresse

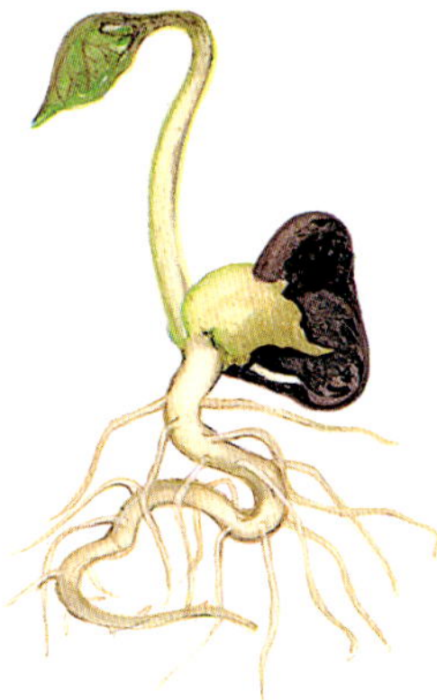

Bohne

Sonnenblume

Meist entstehen Pflanzen aus Samen. Wird ein Bohnenkern, das ist der Samen einer Bohne, in ein Glas mit Wasser oder zwischen angefeuchtete Watte gelegt, sieht man, wie der Kern zu »treiben« anfängt. Dabei nimmt die Bohne Wasser in sich auf, platzt und bekommt kleine Wurzeln und einen Trieb, der nach oben wächst. Wird ein so angetriebener Bohnenkern in die Erde gepflanzt, wächst daraus eine Bohnenpflanze.

Es dauert manchmal lang, bis aus dem Samen eine Pflanze wird. Darum sät der Gärtner schon im Winter für das Frühjahr an. Im warmen Gewächshaus kann er das Heranziehen der Pflanzen beschleunigen.

Die Tage werden wärmer und länger, der Schnee schmilzt, der Frühling kommt. Unsere Grüne Uhr zeigt Mitte **März**. Gärtner und Gartenfreunde richten die Beete. Neben Sonne und Wasser braucht die Pflanze die Art Erde, in der sie am besten wachsen kann. Das Werkzeug jedes Gärtners sind Spaten, Rechen und Hacke, Schaufel und Gießkanne. Will man ein Beet anlegen, wird zuerst die Erde mit dem Spaten umgegraben, und dabei werden alte Wurzeln und Steine in einen Korb gesammelt. Sie würden das Wachsen der jungen Pflanzen behindern. Dann teilt der Gärtner das Beet in kleine Felder, indem er die Wege mit den Füßen eintritt. Je nach der Sorte und der Anzahl der Pflanzen, die er haben will, legt er die Beete verschieden groß an. Im **Blumen**garten sät er Sonnenblumen, Kapuzinerkresse und Wicken oder pflanzt Stiefmütterchen, die er sich in der Gärtnerei besorgte. In seinem **Gemüse**garten sät er Radieschen, Petersilie, Kerbel, Schnittlauch und gelbe Rüben, setzt Salatpflänzchen ein und steckt Zwiebeln in die Erde.

Die Küchenzwiebel ist eine Nutzzwiebel, das heißt, sie kann zum Kochen benutzt werden. Schneidet man sie durch, sieht man die großen, mittleren und kleineren Zwiebelblätter rundherum angeordnet, genau ineinander passend wie Baukastenteile.

Küchenzwiebel, längs und quer durchgeschnitten

Im März blühen im Garten Schneeglöckchen, Krokus, Hyazinthe, Tulpe, Narzisse und Märzenbecher. Ihre Zwiebeln und Knollen hatte der Gärtner schon im vorigen Herbst in die Erde gelegt.

Frühlingsknotenblume

Hyazinthe

Krokus

Gelbe Narzisse

Tulpe

Weiße Narzisse

Gartenrotschwanz auf einem blühenden Forsythienzweig

Es ist **April**. Es gibt noch kalte Nächte, aber der Tag wird länger und es wird immer wärmer. Die Knospen an Bäumen und Sträuchern, in denen Blätter und Blüten versteckt sind, werden dicker. Als erster Strauch blüht die gelbe Forsythie. Bei dieser Pflanze kommen die Blätter erst nach der Blüte heraus. Bei den meisten Pflanzen ist es umgekehrt. Sonne und warmer Regen bringen die Knospen zum Aufbrechen. Die Blätter und Blüten kommen hervor. Im Garten beginnt das Gras, grün zu werden und zu wachsen. Die Vögel zwitschern und die Ameisen fangen an, umherzukrabbeln.

Stiefmütterchen

① Kastanienzweig mit Knospe

② Drei Tage später
Die Knospen brechen auf

③ Fünf Tage später
Die Blütenkerzen kommen heraus

Eberesche

Buche

Haselnuss

Pappel

Geranie

Rose

Wenn die Blätter herauskommen, sieht man, dass sie verschiedene Blattformen haben. Es gibt lange und runde, dreieckige und geschlitzte, bandförmige, herzförmige und eiförmige Blätter. Der Blattrand kann glatt, gezähnt, oft sogar stachelig spitz sein. Fast alle Blätter sind grün.

Farn

Kastanie

Löwenzahn

Roteiche

Eiche

Die Blüten aber haben viele verschiedene Farben und Formen: Da gibt es Glocken, Ähren, Rispen, Kätzchen, Dolden und noch viel mehr. Sie wachsen hängend an den Pflanzen oder stehen aufrecht. Es können auch viele Blüten zu einer Dolde zusammengewachsen sein oder mehrere Blüten an einem Stängel nebeneinander hängen.

Manche Blumen und Sträucher bleiben immer klein: Man sagt, sie kriechen fast am Boden; manche werden groß wie Menschen, wie zum Beispiel die Sonnenblume. Es gibt auch Bäume, die klein bleiben, und solche, die höher als Häuser wachsen. Die höchsten Bäume gibt es in Amerika; sie werden bis zu 100 Meter hoch.

Jetzt zeigen die Zeiger der Grünen Uhr auf den fünften Monat, den **Mai**. Es gibt schon warme Tage, denn die Erdhälfte, auf der wir leben, dreht sich immer mehr der Sonne zu. Viele Obstbäume blühen jetzt bei uns. Die Bienen tragen den Blütenstaub von einer Blüte zur anderen. Man nennt dies Befruchtung. Dadurch können aus Blüten Früchte werden, wie es hier bei der Heckenrose sichtbar gemacht ist. Die Frucht ist eine Hagebutte.

Apfelblütenzweig

Heckenrose

Querschnitt durch die Heckenrosenblüte

Hagebutte

Geranie

Petunie

Fuchsie

Mitte Mai sind auch die Nächte nicht mehr kalt. Die Balkonkästen können jetzt bepflanzt werden. Welche Blumen auf dem Balkon gedeihen, hängt davon ab, ob der Balkon Sonne oder Schatten hat. Die einen Blumen wollen Sonne, wie zum Beispiel die Geranie, die anderen sind mit der schwachen Morgensonne zufrieden und brauchen eher Schatten, wie zum Beispiel die Fuchsie. Es können auch mehrere Sorten von Balkonblumen in einen Kasten gepflanzt werden, aber nur, wenn sie die gleichen Lebensgewohnheiten haben, das heißt den gleichen Wärme- und Wasserbedarf, auch sollen sie in der Farbe zueinander passen.

Im Mai blüht es überall: in Park, Garten und auf den Wiesen. An warmen Tagen sind Gießkanne und Schlauch wichtig, denn die Sonne trocknet die Erde schnell aus. Und ohne Wasser wachsen die Pflanzen nicht; fehlt es ganz, vertrocknen sie, das heißt, sie sterben. Frühmorgens oder am Abend ist die beste Zeit zum Gießen.
Und weil alles jetzt gut wächst, können auch Pflanzen in Garten und Blumenkästen wachsen, deren Samen nicht gesät wurden, sondern angeflogen kamen. Sie wollte der Gärtner gar nicht haben. Da gibt es zum Beispiel den Löwenzahn, Kindern mit dem Namen Pusteblume bekannt. Diese Samen werden durch den Wind überall hingetragen. Der Löwenzahn hat eine lange Wurzel und treibt unzählige gelbe Blüten. Weil ihn der Gärtner nicht gepflanzt hat, sagt er Unkraut zu ihm. Es gibt noch viele andere Unkräuter, wie Distel, Klee, Wegerich oder Brennnessel.

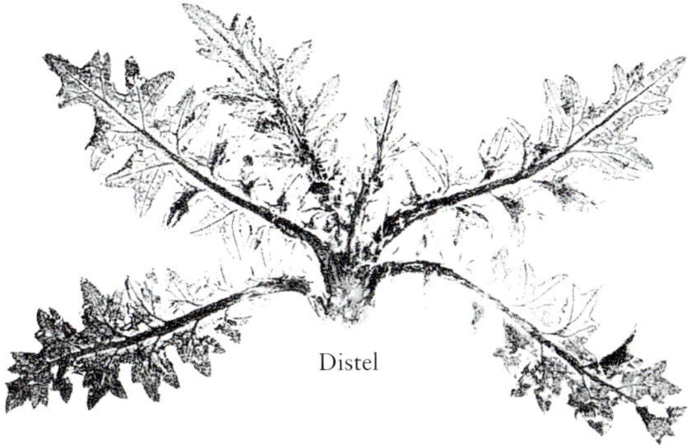
Distel

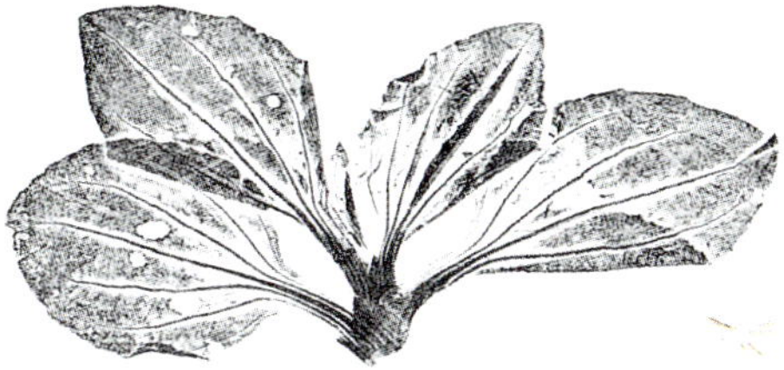
Wegerich

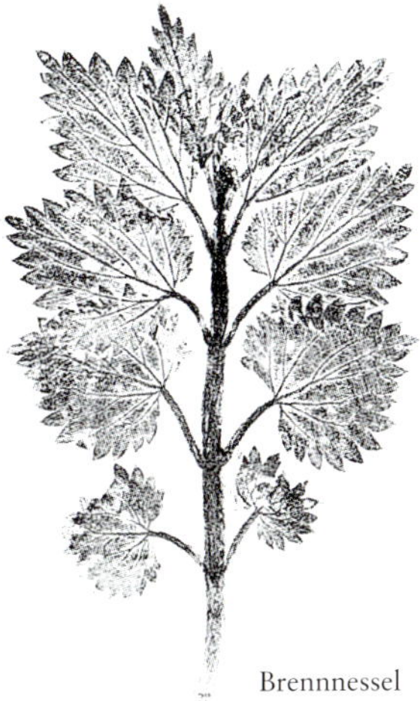
Brennnessel

Klee

Löwenzahn

① Wegerich
② Günsel
③ Lichtnelke
④ Klee
⑤ Schierling
⑥ Gänseblümchen
⑦ Glockenblume
⑧ Hahnenfuß
⑨ Margerite
⑩ Löwenzahn
⑪ Sauerampfer

Kuckuck auf einem Eichenzweig

Feldgrille

Frosch

Auf dem Lande, in den Wiesen der Bauern, sind Unkräuter nützlich. Auf den Wiesen gibt es viele Blumen, die es in der Stadt nicht gibt, aber auch solche, die die kleinen Geschwister der Blumen in der Stadt sind. Zum Beispiel die Glockenblume und die Margerite.

Es ist schön, einen Strauß Wiesenblumen zu pflücken. Aber es ist nicht gut, in die Wiese hineinzugehen. Die Blumen und das Gras werden dabei zertreten und dann kann der Bauer nicht mehr mähen. Er braucht das Gras, das er schneidet und zu Heu trocknet, um seine Tiere zu füttern.

Wer hat schon einmal einen Kuckuck rufen, einen Frosch quaken oder Grillen zirpen gehört? Den Kuckuck gibt es nur auf dem Land. Er versteckt sich vor den Menschen und man kann ihn deshalb nur selten sehen.

④

③

②

①

⑤

In Stadt und Land gibt es Tiere, die für die Pflanzen nützlich oder schädlich sind. Nützlich sind die Bienen, weil sie die Blüten bestäuben und Honig bereiten; die Regenwürmer, weil sie die Erde lockern; die Marienkäfer, weil sie die Blattläuse, ein schädliches Ungeziefer, fressen.
Schädlich können Mäuse sein, weil sie die Wurzeln von unten abfressen; der Maulwurf, weil er durch seine Wühlarbeit die Wurzeln der Pflanzen beschädigt; die Schnecken, weil sie die Pflanzen abnagen, oder die Raupen, weil sie auch Blätter auffressen.
Gut, dass die Vögel mit ihren scharfen Augen hinter schädlichen Insekten her sind. Sonst könnten viele Pflanzen nicht überleben. Weniger gut ist es, dass die Vögel auch Kirschen und Beeren mögen.

⑥

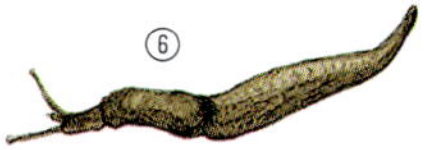

⑦

⑧

⑨

① Rotkehlchen

② Biene

③ Marienkäfer

④ Kohlweißling
Schmetterling und Raupe

⑤ Regenwurm

⑥ Nacktschnecke

⑦ Gehäuseschnecke

⑧ Maus

⑨ Maulwurf

Der **Juni** ist der Beeren- und Kirschenmonat. Als Erstes sind die Erdbeeren reif. Dann gibt es an den Sträuchern Johannisbeeren, Stachelbeeren und Himbeeren und an den Bäumen süße oder saure Kirschen. Jetzt werden die Früchte gegessen, eingekocht oder eingefroren.
Der 21. Juni ist der längste Tag des Jahres und Sommeranfang. Jetzt werden die Tage wieder kürzer. Das ist die Zeit, in der die Kinder an ihre Ferien denken und nicht mehr gerne in der Schule sitzen. Im Garten blühen schon Sommerblumen, wie Rosen und Löwenmaul, Kosmea und Tigerlilie, Ringelblume, Margerite und Dahlie. Geht es auf August zu, kommen auch Phlox, Sonnenblume und Aster zum Blühen.

Kirsche

Stachelbeere

Himbeere

Johannisbeere

Erdbeere

① Löwenmaul
② Rose
③ Lichtnelke
④ Tigerlilie
⑤ Kosmea
⑥ Rittersporn

⑦ Ringelblume
⑧ Sonnenblume
⑨ Phlox
⑩ Margerite
⑪ Aster
⑫ Dahlie
⑬ Zinnie

Gerste

Roggen

Weizen

Hafer

Während der heißen Ferienzeit, Ende **Juli** und im **August**, hat der Bauer auf dem Land viel zu tun. Das Getreide reift: Gerste, Roggen, Weizen und Hafer können geerntet werden. Früher wurde mit der Sense geschnitten. Heute haben viele Bauern Mähmaschinen, ja sogar Mähdrescher, die das Getreide mähen, die Körner aus den Ähren dreschen und in Säcke einsammeln; dabei werden die zurückbleibenden Halme gebündelt und gepresst, alles in einem Arbeitsgang.

Nach warmen Regentagen, im Juli und August, kommen die Pilze aus dem Boden. Meist wachsen sie in den Wäldern. Sie haben weder Blätter noch Blüten und brauchen den Schatten zum Wachsen. Man muss sie genau kennen, um die essbaren von den ungenießbaren oder oft giftigen unterscheiden zu können. Die Menschen sammeln gerne essbare Pilze und kochen sie.

Steinpilz (essbar)

Pfifferling (essbar)

Knollenblätterpilz (sehr giftig)

Fliegenpilz (giftig)

Wurzeln, Blätter und Blüten mancher Pflanzen werden schon seit vielen hundert Jahren als Medizin verwendet. Man nennt sie Arzneipflanzen. Oft waren es seltene Pflanzen, nach denen Ärzte und Apotheker sehr suchen mussten und deren Wirkstoffe man heute noch braucht. Einige kann man schon künstlich herstellen.
Die meisten seltenen Pflanzen dürfen heute gar nicht mehr gepflückt werden, man nennt sie geschützte Pflanzen. Man sagt, sie stehen unter »Naturschutz«. Bei uns sind das zum Beispiel Enzian, Edelweiß und Seidelbast.
Wie es giftige Pilze gibt, so findet man nicht selten auch Pflanzen, die giftig sind. Besonders gefährlich ist die Tollkirsche, auch Schlafkirsche genannt. Sie ist groß und glänzend schwarz und einer echten Kirsche ähnlich. Sie ist sehr giftig, darf nicht gepflückt und unter keinen Umständen gegessen werden.

Seidelbast

Tollkirsche

Viele reife Früchte bringt der **September**. In den Gärten, von den Feldern und Bäumen wird jetzt geerntet und auf dem Markt in der Stadt ist alles zu haben. Obst und Gemüse leuchten in vielen Farben und werden von den Marktfrauen so verlockend angeboten, dass es schwer ist, auszuwählen. Schon werden die ersten Nüsse von den Bäumen geschüttelt. Das ist ein Vorzeichen für den herannahenden Herbst. Die Kinder sammeln die Kerne der Sonnenblume und die Früchte der Eberesche als Winterfutter für die Vögel.
Die Tage werden kürzer und es ist nicht mehr warm wie im Sommer. Immer mehr wendet sich unsere Erdhälfte von der Sonne ab. Die Grüne Uhr zeigt Herbstanfang. Das ist am 23. September. Die Blätter leuchten längst nicht mehr so saftig grün wie im Frühjahr, die Wiesen werden gelb und die Blumen verblühen. Die Kastanien reifen und fallen von den Bäumen, darüber freuen sich die Kinder.

HOTE
69

①
②
③
③
④
⑤
⑥
⑦
⑫
⑬
⑨
⑮
④
⑥
⑩
⑨
⑭
⑯
⑧
⑪
⑮
⑮
⑨

Im **Oktober** verlieren die Blätter ihre grüne Farbe und werden gelb, rot, blassgrün, braun und fangen an zu verdorren. Der Wind weht sie von den Bäumen. Die Kinder lassen ihre Drachen steigen. Jetzt kann man Kastanien, Eicheln und Hagebutten sammeln. Die Zugvögel sind schon auf dem Weg nach Süden, während bei uns die Leute die Futterhäuschen für die heimischen Vögel aufstellen.

① Strauchrose
② Pappel
③ Essigbaum
④ Buche
⑤ Roteiche
⑥ Ahorn
⑦ Schlitzahorn
⑧ Weide
⑨ Schneebeere
⑩ Haselnuss
⑪ Zitterpappel
⑫ Eiche
⑬ Kastanie
⑭ Eberesche
⑮ Flieder
⑯ Birke
⑰ Linde
⑱ Schwedische Vogelbeere

Haselnuss

Kastanie

Eichel

Hagebutte

①
②
③
④
⑤
⑤
⑥
⑦
⑧
⑨

So ein Vogelhäuschen ist leicht zu basteln. Es kommt darauf an, das Futter vor Regen und Schnee zu schützen. Damit das trockene Futter nicht von den Vögeln verstreut wird, bringt man am Rand des Bodenbrettes entlang eine überstehende Holzleiste an. Als Futter werden Körner von Hanf, Sonnenblumen, Mohn und Kürbis verwendet und auch Beeren von Eberesche und Holunder. Für Meisen wird eine Futterglocke aufgehängt. In einem Blumentopf wird eine Mischung aus Rinderfett und Körnern zusammengeschmolzen. An einem Holzstab, der in den Topf gesteckt wird, halten sich die Meisen beim Picken fest. Der Topf wird verkehrt herum aufgehängt.
Wir haben **November**. Die Grüne Uhr zeigt den elften Monat. Unsere Erdhälfte kehrt sich immer weiter von der Sonne ab. Kurz sind die Tage und kalt. Die meisten Bäume stehen schon ohne Blätter da.
Nur Nadelbäume, die man auch Immergrüne nennt, werfen ihre Nadelblätter nicht ab. Von der Natur sind die Nadeln mit Wachs- und Harzschichten überzogen; dadurch sind sie vor Frost und Kälte sicher. Es gibt immergrüne Sträucher und Bäume mit ganz unterschiedlichen Nadeln, lange und kurze, flache und runde. Wer kennt nicht die Tanne oder die Fichte, deren Zweige in der Adventszeit die Zimmer schmücken?

① Grünfink

② Buchfink

③ Spatz

④ Dompfaff

⑤ Haubenmeise

⑥ Amsel

⑦ Kohlmeise

⑧ Blaumeise

⑨ Rotkehlchen

Der 22. **Dezember** ist der kürzeste Tag des Jahres, der Tag mit der längsten Nacht; mit ihm fängt der Winter an. Oft liegt schon Schnee. Es ist kalt. Bei viel Schnee können die Tiere draußen im Wald nicht mehr genug Futter finden. Deshalb richten die Förster und Jäger Futterplätze ein. Das Wild wird dort mit Heu, Kastanien, Kartoffeln, Mais und Getreide versorgt. Die Rehe, Hirsche, Wildschweine und Fasane kennen diese Plätze, auch Vögel und Eichhörnchen kommen heran, um ihren Hunger zu stillen.
Im Zimmer blühen zu dieser Zeit die Weihnachtsnarzissen. Auch die Zweige von Forsythiensträuchern oder Kirschbäumen, die Anfang Dezember abgeschnitten und in Vasen mit Wasser gestellt wurden, treiben jetzt schon Blüten. Sie sind Vorboten für den nächsten Frühling.
Allmählich dreht sich jetzt unsere Erdhälfte wieder der Sonne zu. Die Tage werden länger und wenn das alte Jahr zu Ende geht, freuen sich die Menschen auf das neue. Bald rückt der Zeiger der GRÜNEN UHR von 12 auf 1, von Dezember auf Januar. Das neue Jahr beginnt und mit ihm ein neues Gartenjahr.